KB056762

수학과 교육과정에서 초등학교 수학 내용은 '수와 연산', '도형', '측정', '규칙성', '자료와 가능성'의 5개 영역으로 구성되는데, 우리가 이 교재에서 다룰 영역은 '자료와 가능성'입니다. 이 영역은 원래 '확률과 통계'에서 초등 과정에서 다루는 기초 개념에 초점을 맞추어 '자료와 가능성'으로 영역명이 변경되었습니다.

'똑같은 물건인데 나란히 붙어 있는 두 가게 중 한 집에선 1000원에 팔고 다른 한 집에선 800원에 팔 때 어디에서 사는 게 좋을까?'의 문제처럼 예측되는 결과가 명확한 경우에는 전혀 필요 없지만, 요즘과 같은 정보의 홍수 속에 필요한 정보를 선택하거나 그 정보를 토대로 책임있는 판단을 해야할 때 그 판단의 근거가 될 가능성에 대하여 생각하지 않을 수가 없습니다.

즉, 자료와 가능성은 우리가 어떤 불확실한 상황에서 합리적 판단을 할 수 있는 매우 유용한 근거가 됩니다.

따라서 이 '자료와 가능성' 영역을 통해 초등 과정에서는 실생활에서 통계가 활용되는 상황을 알아보고, 목적에 따라 자료를 수집하고, 수집된 자료를 분류하고 정리하여 표로 나타내고, 그 자료의 특성을 잘 나타내는 그래프로 표현하고 해석하는 일련의 과정을 경험하게 하는 것이 매우 중요합니다. 또한 비율이나 평균 등에 의해 집단의 특성을 수로 표현하고, 이것을 해석하며 이용할 수 있는 지식과 능력을 기르도록 하는 것이 필요합니다.

1 일상생활에서 앞으로 접하게 될 수많은 통계적 해석에 대비하여 올바른 자료의
분류 및 정리 방법(표와 각종 그래프)을 집중 연습할 수 있습니다.

우리는 생활 주변에서 텔레비전이나 신문, 인터넷 자료를 볼 때마다 다양한 통계 정보를
접하게 됩니다. 이런 통계 정보는 다음과 같은 통계의 과정을 거쳐서 주어집니다.

초등수학에서는 위의 '분류 및 정리'와 '해석' 단계에서 가장 많이 접하게 되는 표와 여러
가지 그래프 중심으로 통계 영역을 다루게 되는데 목적에 따라 각각의 특성에 맞는 정리
방법이 필요합니다. 가령 양의 크기를 비교할 때는 그림그래프나 막대그래프, 양의 변화를
나타낼 때는 꺾은선그래프, 전체에 대한 각 부분의 비율을 나타낼 때는 띠그래프나 원그래
프로 나타내는 것이 해석하고 판단하기에 유용합니다.
이렇게 목적에 맞게 자료를 정리하는 것이 하루아침에 되는 것은 아니지요.
기탄영역별수학—자료와 가능성편으로 다양한 상황에 맞게 수많은 자료를 분류하고 정리
해 보는 연습을 통해 내가 막연하게 알고 있던 통계적 개념들을 온전하게 나의 것으로 만
들 수 있습니다.

2 일상생활에서 앞으로 일어날 수많은 선택의 상황에서 합리적 판단을 할 수 있는
근거가 되어 줄 가능성(확률)에 대한 이해의 폭이 넓어집니다.

확률(사건이 일어날 가능성)은 일기예보로 내일의 강수확률을 확인하고 우산을 챙기는 등
우연한 현상의 결과인 여러 가지 사건이 일어날 것으로 기대되는 정도를 수량화한 것을 말
합니다. 확률의 중요하고 기본적인 기능은 이러한 유용성에 있습니다.
결과가 불확실한 상태에서 '어떤 선택이 좀 더 나에게 유용하고 합리적인 선택일까?' 또는
'잘못된 선택이 될 가능성이 가장 적은 것이 어떤 선택일까?'를 판단할 중요한 근거가 필요
한데 그 근거가 되어줄 사고가 바로 확률(가능성)을 따져보는 일입니다.
기탄영역별수학—자료와 가능성편을 통해 합리적 판단의 확률적 근거를 세워가는 중요한
토대를 튼튼하게 다져 보세요.

이 책의 구성

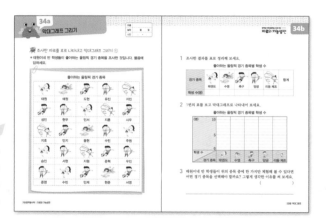

본학습

제목을 통해 이번 차시에서 학습해야 할
내용이 무엇인지 짚어 보고, 그것을 익히기
위한 최적화된 연습문제를 반복해서
집중적으로 풀어 볼 수 있습니다.

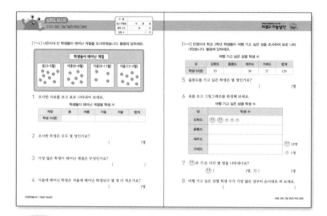

성취도 테스트

성취도 테스트는 본문에서 집중 연습한 내용을 최종적으로 한번 더 확인해 보는 문제들로 구성되어 있습니다.
성취도 테스트를 풀어 본 후, 결과표에 내가 맞은 문제인지 틀린 문제인지 체크를 해가며 각각의 문항을 통해
성취해야 할 학습목표와 학습내용을 짚어 보고, 성취된 부분과 부족한 부분이 무엇인지 확인합니다.

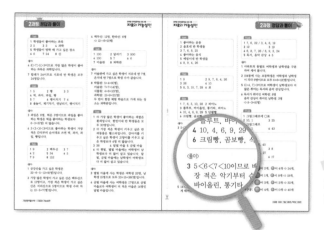

정답과 풀이

차시별 정답 확인 후 제시된 풀이를 통해
올바른 문제 풀이 방법을 확인합니다.

기탄영역별수학
자료와 **가능성**편

2과정
표와 그림그래프 / 막대그래프

차례

표를 보고 내용 알기 ①

● 하영이네 반 학생들이 좋아하는 과목을 조사하여 표로 나타내었습니다. 물음에 답하세요.

학생들이 좋아하는 과목

과목	국어	수학	사회	과학	합계
학생 수(명)	5	7	3	8	23

1 하영이가 조사한 것은 무엇인가요?

( )

2 국어를 좋아하는 학생은 몇 명인가요?

( )명

3 사회를 좋아하는 학생은 몇 명인가요?

( )명

> 학생 수가 가장 많은 과목이 가장 많은 학생이 좋아하는 과목이야.

4 가장 많은 학생이 좋아하는 과목은 무엇인가요?

( )

● 지호네 반 학생들이 방학 때 가고 싶은 장소를 조사하여 표로 나타내었습니다.
물음에 답하세요.

학생들이 방학 때 가고 싶은 장소

장소	산	바다	계곡	놀이공원	합계
학생 수(명)	2	7	6	9	24

5 지호가 조사한 것은 무엇인가요?

(   )

6 계곡을 가고 싶은 학생은 몇 명인가요?

(   )명

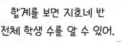
합계를 보면 지호네 반
전체 학생 수를 알 수 있어.

7 지호네 반 학생은 모두 몇 명인가요?
(   )명

8 방학 때 가고 싶은 학생 수가 가장 적은 장소는 어디인가요?

(   )

표를 보고 내용 알기 ②

● 슬기네 반 학생들이 좋아하는 간식을 조사하여 표로 나타내었습니다. 물음에 답하세요.

학생들이 좋아하는 간식

간식	과일	빵	과자	떡	합계
학생 수(명)	6	8	5	3	22

1 과자를 좋아하는 학생은 몇 명인가요?

( )명

2 가장 많은 학생이 좋아하는 간식은 무엇인가요?

( )

3 과일을 좋아하는 학생은 떡을 좋아하는 학생보다 몇 명 더 많은가요?

( )명

4 좋아하는 학생이 가장 적은 간식부터 순서대로 써 보세요.

( )

● 세호네 반 학생들이 좋아하는 민속놀이를 조사하여 표로 나타내었습니다. 물음에 답하세요.

학생들이 좋아하는 민속놀이

민속놀이	연날리기	제기차기	팽이치기	윷놀이	합계
학생 수(명)	5	7	4	9	25

5 제기차기를 좋아하는 학생은 몇 명인가요?

( )명

6 가장 적은 학생이 좋아하는 민속놀이는 무엇인가요?

( )

7 연날리기를 좋아하는 학생은 윷놀이를 좋아하는 학생보다 몇 명 더 적은가요?

( )명

8 좋아하는 학생이 가장 많은 민속놀이부터 순서대로 써 보세요.

( )

🦠 표를 보고 내용 알기 ③

● 도윤이네 반 학생들이 가고 싶은 산을 조사하여 표로 나타내었습니다. 물음에 답하세요.

학생들이 가고 싶은 산

산	한라산	금강산	지리산	백두산	합계
학생 수(명)	6		5	12	32

1 금강산을 가고 싶은 학생은 몇 명인가요?

(   )명

2 가장 많은 학생이 가고 싶은 산은 어디인가요?

(   )

3 가장 많은 학생이 가고 싶은 산과 가장 적은 학생이 가고 싶은 산의 학생 수의 차는 몇 명인가요?

(   )명

4 백두산을 가고 싶은 학생 수는 한라산을 가고 싶은 학생 수의 몇 배인 가요?

(   )배

● 서은이네 반 학생들이 도서관에서 빌려 온 책의 수를 월별로 조사하여 표로 나타내었습니다. 물음에 답하세요.

월별 빌려 온 책의 수

월	3월	4월	5월	6월	합계
책의 수(권)	34	43	23	52	

5 3월에 빌려 온 책은 몇 권인가요?

(   )권

6 빌려 온 책의 수가 가장 적은 달은 몇 월인가요?

(   )월

7 4월과 6월에 빌려 온 책의 수의 차는 몇 권인가요?

(   )권

8 3월부터 6월까지 빌려 온 책은 모두 몇 권인가요?

(   )권

표 알아보기

표를 보고 내용 알기 ④

● 운동회에서 청군과 백군이 얻은 점수를 조사하여 표로 나타내었습니다. 물음에 답하세요.

운동회에서 청군과 백군이 얻은 점수

경기	달리기	꼬리잡기	줄다리기	박 터뜨리기	합계
청군 점수(점)	200	100	150	100	550
백군 점수(점)	100	150	50	200	500

1 청군이 박 터뜨리기에서 얻은 점수는 몇 점인가요?

(   )점

2 청군이 가장 많은 점수를 얻은 경기는 무엇인가요?

(   )

3 백군이 운동회에서 얻은 점수는 모두 몇 점인가요?

(   )점

4 백군이 줄다리기에서 얻은 점수는 청군이 줄다리기에서 얻은 점수보다 몇 점 더 적은가요?

(   )점

● 지유네 반과 은지네 반은 함께 현장 체험 학습을 가기로 하고 학생들이 가고 싶은 장소를 조사하여 표로 나타내었습니다. 물음에 답하세요.

현장 체험 학습으로 가고 싶은 장소

장소	박물관	미술관	식물원	과학관	합계
지유네 반 학생 수(명)	5		4	12	28
은지네 반 학생 수(명)	4	7		9	26

5 미술관을 가고 싶은 지유네 반 학생은 몇 명인가요?

(   )명

6 식물원을 가고 싶은 은지네 반 학생은 몇 명인가요?

(   )명

7 현장 체험 학습으로 가고 싶은 장소 중 두 반의 학생 수가 같은 장소는 어디인가요?

(   )

8 가장 많은 학생이 가고 싶은 곳을 현장 체험 학습 장소로 정한다면 두 반이 현장 체험 학습으로 가게 되는 장소는 어디인가요?

(   )

5a

표 알아보기

🐛 표를 보고 내용 알기 ⑤

1 현빈이네 반 학생들이 좋아하는 색깔을 조사하여 표로 나타내었습니다. 표를 보고 알 수 있는 내용을 두 가지 써 보세요.

학생들이 좋아하는 색깔

색깔	흰색	노란색	파란색	빨간색	합계
학생 수(명)	11	6	8	5	30

* _____

* _____

2 주연이네 학교 3학년 학생들이 키우고 싶은 반려동물을 조사하여 표로 나타내었습니다. 표를 보고 알 수 있는 내용을 두 가지 써 보세요.

학생들이 키우고 싶은 반려동물

반려동물	강아지	토끼	고양이	햄스터	합계
학생 수(명)	32	25	28	20	105

* _____

* _____

● 마을별 학생 수를 조사하여 표로 나타내었습니다. 물음에 답하세요.

마을별 학생 수

마을	햇빛	달빛	별빛	금빛	합계
여학생 수(명)	21	14	23	17	75
남학생 수(명)	19	18	15	26	78

3 별빛 마을에 사는 학생은 모두 몇 명인가요?

( )명

4 여학생이 금빛 마을보다 더 적은 마을은 어디인가요?

( )

5 남학생이 햇빛 마을보다 더 많은 마을은 어디인가요?

( )

6 위 표를 보고 알 수 있는 내용을 두 가지 써 보세요.

• _____

• _____

표로 나타내기

🐛 조사한 자료를 보고 표로 나타내기 ①

● 윤호는 반 학생들이 좋아하는 운동을 조사하였습니다. 물음에 답하세요.

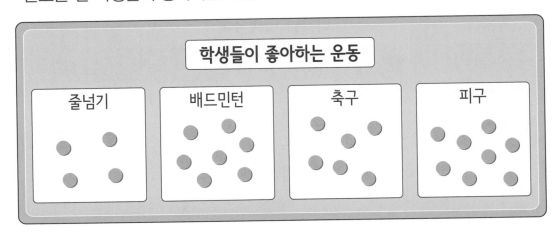

학생들이 좋아하는 운동

줄넘기   배드민턴   축구   피구

1 윤호가 조사한 것은 무엇인가요?

(   )

2 윤호는 누구를 대상으로 조사하였나요?

(   )

3 조사한 자료를 보고 표를 완성해 보세요.

학생들이 좋아하는 운동

운동	줄넘기	배드민턴	축구	피구	합계
학생 수(명)	4				

● 예림이는 반 학생들이 좋아하는 음식을 조사하였습니다. 물음에 답하세요.

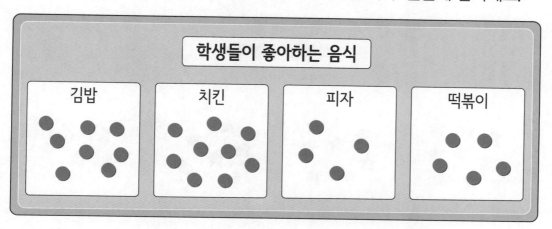

4 예림이가 조사한 것은 무엇인가요?

( )

5 예림이는 누구를 대상으로 조사하였나요?

( )

6 조사한 자료를 보고 표를 완성해 보세요.

학생들이 좋아하는 음식

음식	김밥	치킨	피자	떡볶이	합계
학생 수(명)				5	

이름		
날짜	월	일
시간	: ~	:

조사한 자료를 보고 표로 나타내기 ②

● 은비는 반 학생들의 혈액형을 조사하였습니다. 물음에 답하세요.

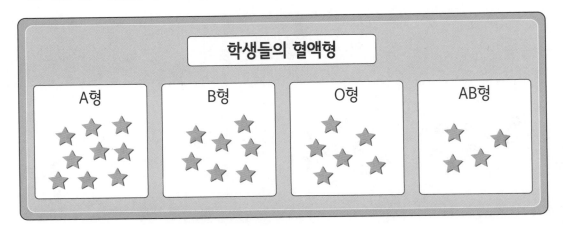

1 혈액형이 A형인 학생은 몇 명인가요?

(   )명

2 조사한 자료를 보고 표로 나타내어 보세요.

학생들의 혈액형

혈액형	A형	B형	O형	AB형	합계
학생 수(명)					

3 조사한 학생은 모두 몇 명인가요?

(   )명

● 준우는 반 학생들이 생일에 받고 싶은 선물을 조사하였습니다. 물음에 답하세요.

4 컴퓨터를 받고 싶은 학생은 몇 명인가요?

(   )명

5 조사한 자료를 보고 표로 나타내어 보세요.

생일에 받고 싶은 선물

선물	자전거	옷	컴퓨터	책	합계
학생 수(명)					

6 생일에 받고 싶은 선물별 학생 수를 알아보려고 합니다. 조사한 자료와 표 중 어느 것이 더 편리한가요?

(   )

표로 나타내기

조사한 자료를 보고 표로 나타내기 ③

● 태희는 3학년 1반 학생들이 배우고 싶은 악기를 조사하였습니다. 물음에 답하세요.

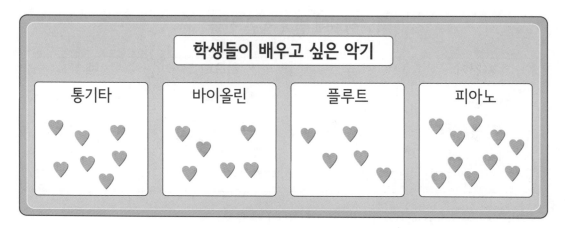

1 조사한 자료를 보고 표로 나타내어 보세요.

학생들이 배우고 싶은 악기

악기	통기타	바이올린	플루트	피아노	합계
학생 수(명)					

2 가장 많은 학생이 배우고 싶은 악기는 무엇인가요?

( )

3 배우고 싶은 학생이 가장 적은 악기부터 순서대로 써 보세요.

( )

● 민성이는 반 학생들이 좋아하는 빵을 조사하였습니다. 물음에 답하세요.

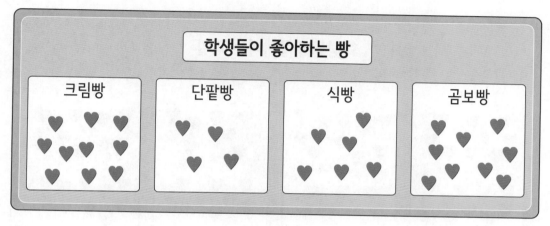

4 조사한 자료를 보고 표로 나타내어 보세요.

학생들이 좋아하는 빵

빵	크림빵	단팥빵	식빵	곰보빵	합계
학생 수(명)					

5 가장 적은 학생이 좋아하는 빵은 무엇인가요?

( )

6 좋아하는 학생이 가장 많은 빵부터 순서대로 써 보세요.

( )

표로 나타내기

🐛 조사한 자료를 보고 표로 나타내기 ④

● 시우네 학교 3학년 학생들이 좋아하는 과일을 조사하였습니다. 물음에 답하세요.

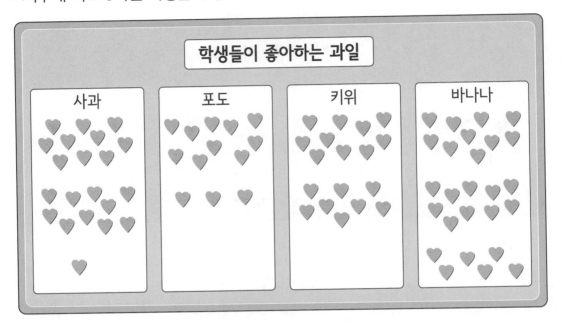

학생들이 좋아하는 과일

| 사과 | 포도 | 키위 | 바나나 |

1 조사한 자료를 보고 표로 나타내어 보세요.

학생들이 좋아하는 과일

과일	사과	포도	키위	바나나	합계
학생 수(명)					

2 학생들이 가장 많이 좋아하는 과일은 무엇이고, 몇 명인가요?
(   ), (   )명

3 키위를 좋아하는 학생은 사과를 좋아하는 학생보다 몇 명 더 적은가요?
(   )명

● 진규네 학교 3학년 학생들이 태어난 계절을 조사하였습니다. 물음에 답하세요.

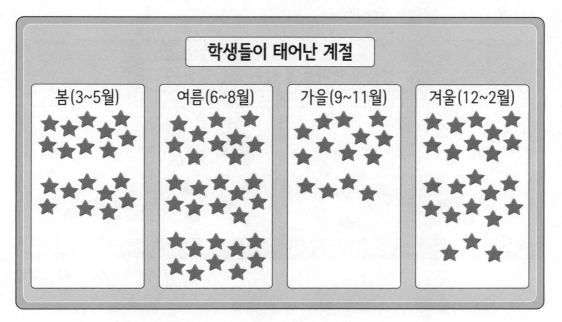

4 조사한 자료를 보고 표로 나타내어 보세요.

학생들이 태어난 계절

계절	봄	여름	가을	겨울	합계
학생 수(명)					

5 학생들이 가장 적게 태어난 계절은 무엇이고, 몇 명인가요?

(   ), (   )명

6 여름에 태어난 학생은 봄에 태어난 학생보다 몇 명 더 많은가요?

(   )명

10a

표로 나타내기

이름	
날짜	월 일
시간	: ~ :

조사한 자료를 보고 표로 나타내기 ⑤

● 성유네 아파트에 사는 초등학생 수를 여학생과 남학생으로 나누어 동별로 조사하였습니다. 물음에 답하세요.

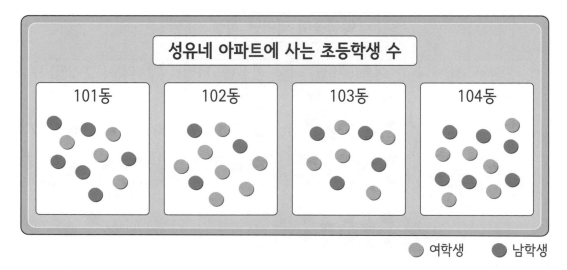

1 조사한 자료를 보고 표를 완성해 보세요.

성유네 아파트에 사는 초등학생 수

동	101동	102동	103동	104동	합계
여학생 수(명)	4		5		
남학생 수(명)	6				

2 성유네 아파트에 사는 초등학생 중에서 104동에 사는 초등학생은 모두 몇 명인가요?

(   )명

3 성유네 아파트에 사는 초등학생 중에서 남학생은 모두 몇 명인가요?

(   )명

● 누리와 지윤이네 반 학생들의 취미를 여학생과 남학생으로 나누어 조사하였습니다. 물음에 답하세요.

4 조사한 자료를 보고 표를 완성해 보세요.

여학생과 남학생의 취미

취미	운동	게임	독서	음악 감상	합계
여학생 수(명)	5				
남학생 수(명)			4		

5 여학생이 남학생보다 더 많은 취미는 무엇인지 모두 써 보세요.

( )

6 독서가 취미인 여학생은 음악 감상이 취미인 남학생보다 몇 명 더 많은가요?

( )명

그림그래프 알아보기

🐛 그림그래프를 보고 내용 알기 ①

● 세희네 반 학급 문고에 있는 책의 수를 그래프로 나타내었습니다. 알맞은 말에 ○표 하거나 ☐ 안에 알맞은 수를 써넣으세요.

학급 문고에 있는 책의 수

종류	책의 수
동화책	
위인전	
과학책	
백과사전	

■ 10권

■ 1권

1 위와 같은 그래프를 (막대그래프 , 그림그래프) 라고 합니다.

> 알려고 하는 수(조사한 수)를 그림으로 나타낸 그래프를 그림그래프라고 합니다.

2 그림 ■은 ☐ 권을 나타내고, 그림 ■은 ☐ 권을 나타냅니다.

3 세희네 반 학급 문고에 있는 위인전은 ■ 2개, ■ 5개이므로 ☐ 권입니다.

● 어느 아파트의 동별 자동차 수를 그래프로 나타내었습니다. ☐ 안에 알맞은 수나 말을 써넣으세요.

아파트 동별 자동차 수

동	자동차 수
101동	
102동	
103동	
104동	

🚗 10대
🚙 1대

4 위와 같이 알려고 하는 수(조사한 수)를 그림으로 나타낸 그래프를 [   ]라고 합니다.

5 그림 🚗은 [   ]대를 나타내고, 그림 🚙은 [   ]대를 나타냅니다.

6 104동의 자동차는 🚗 4개, 🚙 3개이므로 [   ]대입니다.

그림그래프를 보고 내용 알기 ②

● 서우네 학교 체육관에 있는 공의 수를 그림그래프로 나타내었습니다. 물음에 답하세요.

체육관에 있는 공의 수

종류	공의 수
축구공	
농구공	
배구공	
야구공	

10개
1개

1 체육관에 있는 공의 수를 각각 써 보세요.

축구공 (   )개, 농구공 (   )개

배구공 (   )개, 야구공 (   )개

2 체육관에 있는 공 중 가장 많은 공은 무엇인가요?

(   )

3 축구공은 배구공보다 몇 개 더 적은가요?

(   )개

● 성훈이네 가족이 밤 따기 체험에서 딴 밤의 수를 그림그래프로 나타내었습니다. 물음에 답하세요.

성훈이네 가족이 딴 밤의 수

가족	밤의 수
아버지	🌰🌰🌰🌰🌰🌰🌰
어머니	🌰🌰🌰🌰🌰🌰🌰🌰
누나	🌰🌰🌰🌰🌰
성훈	🌰🌰🌰🌰🌰🌰🌰🌰🌰

🌰 10개
🌰 1개

4 성훈이네 가족이 딴 밤의 수를 각각 써 보세요.

아버지 (   )개, 어머니 (   )개
누나 (   )개,   성훈 (   )개

5 성훈이네 가족 중 밤을 가장 적게 딴 사람은 누구인가요?

(   )

6 어머니는 성훈이보다 밤을 몇 개 더 많이 땄나요?

(   )개

그림그래프를 보고 내용 알기 ③

● 마을별로 심은 나무 수를 조사하여 그림그래프로 나타내었습니다. 물음에 답하세요.

마을별 나무 수

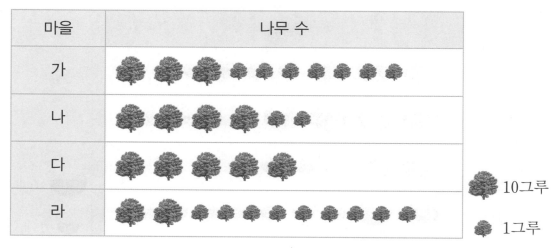

마을	나무 수

가

나

다

라

🌳 10그루

🌱 1그루

1 나무를 가장 많이 심은 마을은 어느 마을이고, 몇 그루인가요?
(   ), (   )그루

2 나 마을보다 나무를 더 적게 심은 마을을 모두 써 보세요.
(   )

3 나무를 가장 많이 심은 마을부터 순서대로 써 보세요.
(   )

● 모둠별로 받은 칭찬 붙임딱지 수를 조사하여 그림그래프로 나타내었습니다. 물음에 답하세요.

모둠별 칭찬 붙임딱지 수

모둠	칭찬 붙임딱지 수
하늘	☺ ☺ ☺ ☺ ☺ ☺ ☺
다정	☺ ☺ ☺ ☺ ☺ ☺ ☺ ☺
가람	☺ ☺ ☺ ☺ ☺ ☺ ☺ ☺
소망	☺ ☺ ☺ ☺ ☺ ☺ ☺ ☺ ☺ ☺ ☺

☺ 10개

☺ 1개

4 칭찬 붙임딱지 수를 두 번째로 많이 받은 모둠은 어느 모둠이고, 몇 개인가요?

(   ), (   )개

5 칭찬 붙임딱지 수를 가장 많이 받은 모둠과 가장 적게 받은 모둠의 차는 몇 개인가요?

(   )개

6 칭찬 붙임딱지 수를 가장 적게 받은 모둠부터 순서대로 써 보세요.

(   )

그림그래프를 보고 내용 알기 ④

● 마을별로 기르고 있는 돼지 수를 조사하여 그림그래프로 나타내었습니다. 물음에 답하세요.

마을별 돼지 수

마을	돼지 수
가	
나	
다	
라	

🐷 100마리

🐖 10마리

1 그림 🐷과 🐖은 각각 몇 마리를 나타내나요?

🐷 ( )마리

🐖 ( )마리

2 가장 많은 돼지를 기르고 있는 마을은 어느 마을인가요?

( )

3 가 마을에서 기르고 있는 돼지와 다 마을에서 기르고 있는 돼지는 모두 몇 마리인가요?

( )마리

● 과수원별 사과 생산량을 조사하여 그림그래프로 나타내었습니다. 물음에 답하세요.

과수원별 사과 생산량

과수원	생산량
푸른	🍎🍎🍎🍎🍎🍎🍎
상큼	🍎🍎🍎🍎🍎🍎🍎🍎
구름	🍎🍎🍎🍎🍎🍎🍎🍎🍎🍎
아삭	🍎🍎🍎🍎🍎🍎

🍎 100상자
🍎 10상자

4 사과 생산량이 가장 적은 과수원은 어느 과수원이고, 몇 상자인가요?
(   ), (   )상자

5 상큼 과수원보다 사과 생산량이 더 많은 과수원을 모두 써 보세요.
(   )

6 푸른 과수원과 아삭 과수원의 사과 생산량의 차는 몇 상자인가요?
(   )상자

그림그래프 알아보기

🐲 **그림그래프를 보고 내용 알기 ⑤**

● 목장별 우유 생산량을 조사하여 그림그래프로 나타내었습니다. 물음에 답하세요.

목장별 우유 생산량

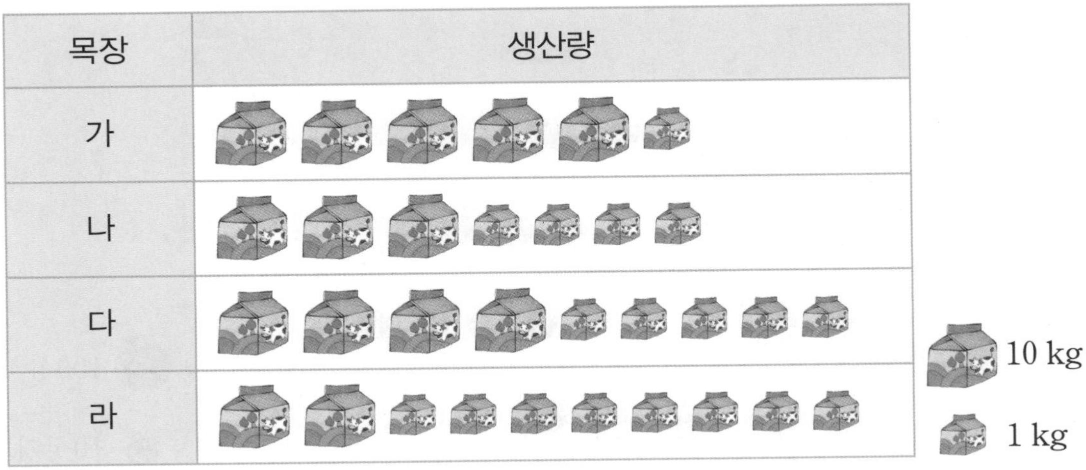

목장	생산량
가	
나	
다	
라	

10 kg
1 kg

1 나 목장의 우유 생산량은 몇 kg인가요?

(   ) kg

2 우유 생산량이 가장 많은 목장과 가장 적은 목장의 차는 몇 kg인가요?

(   ) kg

3 위 그림그래프를 보고 알 수 있는 내용을 두 가지 써 보세요.

- _____

- _____

● 어느 음식점에서 일주일 동안 팔린 음식의 수를 그림그래프로 나타내었습니다. 물음에 답하세요.

일주일 동안 팔린 음식의 수

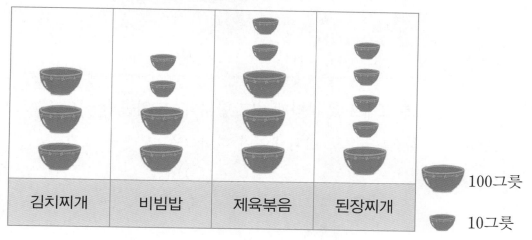

100그릇

10그릇

4 일주일 동안 가장 많이 팔린 음식부터 순서대로 써 보세요.

(   )

5 팔린 김치찌개와 된장찌개는 몇 그릇 차이인가요?

(   )그릇

6 내가 음식점 주인이라면 다음 주에는 어떤 음식을 더 많이 또는 더 적게 준비하면 좋을지 써 보세요.

_____

_____

그림그래프로 나타내기

이름

날짜　　　월　　　일

시간　　:　~　:

표를 보고 그림그래프로 나타내기 ①

● 학예회에 참가한 학생 수를 종목별로 조사하여 표로 나타내었습니다. 물음에 답하세요.

학예회 종목별 참가 학생 수

종목	연극	합창	무용	합주	합계
학생 수(명)	25	41	18	36	120

1 표를 보고 그림그래프로 나타내려고 합니다. 단위를 ◎와 ○로 나타낸다면 각각 몇 명으로 나타내어야 하나요?

◎ (　　　　　　　　)명

○ (　　　　　　　　)명

2 표를 보고 그림그래프를 완성해 보세요.

학예회 종목별 참가 학생 수

종목	학생 수
연극	◎ ◎ ○ ○ ○ ○ ○
합창	
무용	
합주	

◎ 10명

○ 1명

● 아이스크림 가게의 주별 아이스크림 판매량을 조사하여 표로 나타내었습니다. 물음에 답하세요.

주별 아이스크림 판매량

주	1주	2주	3주	4주	합계
판매량(상자)	38	29	56	47	170

3 표를 보고 그림그래프로 나타내려고 합니다. 판매량을 3가지로 나타낼 때 ☐ 안에 알맞은 수를 써넣으세요.

◎ ☐상자, ● 5상자, ○ ☐상자

4 표를 보고 그림그래프를 완성해 보세요.

주별 아이스크림 판매량

주	판매량
1주	◎ ◎ ◎ ● ○ ○ ○
2주	
3주	
4주	

◎ 10상자
● 5상자
○ 1상자

그림그래프로 나타내기

표를 보고 그림그래프로 나타내기 ②

● 은채네 학교 학생들이 좋아하는 꽃을 조사하여 표와 그림그래프로 나타내었습니다. 물음에 답하세요.

좋아하는 꽃별 학생 수

꽃	장미	튤립	코스모스	국화	합계
학생 수(명)		27	34		130

좋아하는 꽃별 학생 수

꽃	학생 수
장미	◎ ◎ ◎ ◎ ○ ○ ○
튤립	
코스모스	
국화	◎ ◎ ○ ○ ○ ○ ○ ○

◎ 10명
○ 1명

1 10명, 1명을 단위로 그림그래프를 나타내었습니다. 학생 수에 알맞은 그림을 나타내어 보세요.

10명 (   ), 1명 (   )

2 그림그래프를 보고 표를 완성해 보세요.

3 표를 보고 그림그래프를 완성해 보세요.

● 초등학교별 학생 수를 조사하여 표와 그림그래프로 나타내었습니다. 물음에 답하세요.

초등학교별 학생 수

초등학교	하늘	푸른	노을	연지	합계
학생 수(명)				380	1700

초등학교별 학생 수

초등학교	학생 수
하늘	◎ ◎ ● ○ ○
푸른	◎ ◎ ◎ ◎ ● ○ ○ ○ ○
노을	◎ ◎ ◎ ◎ ◎ ● ○
연지	

◎ 100명
● 50명
○ 10명

4 100명, 50명, 10명을 단위로 그림그래프를 나타내었습니다. 학생 수에 알맞은 그림을 나타내어 보세요.

100명 (   ), 50명 (   ), 10명 (   )

5 그림그래프를 보고 표를 완성해 보세요.

6 표를 보고 그림그래프를 완성해 보세요.

이름	
날짜	월 일
시간	: ~ :

표를 보고 그림그래프로 나타내기 ③

● 현우네 학교 3학년 학생들이 즐겨 보는 TV 프로그램을 조사하여 표로 나타내었습니다. 물음에 답하세요.

즐겨 보는 TV 프로그램별 학생 수

프로그램	스포츠	예능	드라마	만화	합계
학생 수(명)	24	46		38	140

1 드라마를 즐겨 보는 학생은 몇 명인가요?

( )명

2 표를 보고 그림그래프로 나타내어 보세요.

즐겨 보는 TV 프로그램별 학생 수

프로그램	학생 수
스포츠	
예능	
드라마	
만화	

◎ 10명
○ 1명

3 가장 많은 학생이 즐겨 보는 TV 프로그램은 무엇인가요?

( )

● 어느 어린이 연극의 회차별 관람객 수를 조사하여 표로 나타내었습니다. 물음에 답하세요.

회차별 관람객 수

회차	1회	2회	3회	4회	합계
관람객 수(명)	143	351	262		1000

4 4회차 연극을 본 관람객은 몇 명인가요?

(   )명

5 표를 보고 그림그래프로 나타내어 보세요.

회차별 관람객 수

회차	관람객 수
1회	
2회	
3회	
4회	

◎ 100명
△ 10명
○ 1명

6 관람객 수가 가장 적은 회차는 몇 회인가요?

(   )

그림그래프로 나타내기

표를 보고 그림그래프로 나타내기 ④

● 세정이네 학교 3학년 학생들이 여행 가고 싶은 나라를 조사하여 표로 나타내었습니다. 물음에 답하세요.

여행 가고 싶은 나라별 학생 수

나라	호주	미국	독일	중국	합계
학생 수(명)	23	32	44	21	120

1 표를 보고 그림그래프로 나타내려고 합니다. 그림을 몇 가지로 나타내는 것이 좋은가요?

(   )

2 표를 보고 그림그래프로 나타내어 보세요.

여행 가고 싶은 나라별 학생 수

나라	학생 수
호주	
미국	
독일	
중국	

☺ 10명

☺ 1명

3 세정이네 학교 3학년 학생은 모두 몇 명인가요?

(   )명

4 호주로 여행 가고 싶은 학생보다 학생 수가 더 많은 나라의 이름을 모두 써 보세요.

(   )

5 가장 많은 학생이 여행 가고 싶은 나라와 가장 적은 학생이 여행 가고 싶은 나라의 학생 수의 차는 몇 명인가요?

(   )명

6 표와 그림그래프의 편리한 점을 설명하고 있습니다. 민호와 주연이가 설명하는 것은 무엇인지 ☐ 안에 표 또는 그림그래프를 알맞게 써넣으세요.

조사한 학생 수를 쉽게 알 수 있어요.

자료의 크기를 한눈에 비교할 수 있어요.

민호

주연

표를 보고 그림그래프로 나타내기 ⑤

● 체육 대회에 참가한 학생 수를 종목별로 조사하여 표로 나타내었습니다. 물음에 답하세요.

종목별 참가 학생 수

종목	피구	축구	농구	발야구	합계
학생 수(명)	46		28	37	140

1 체육 대회에 학생들이 참가한 종목을 모두 써 보세요.

( )

2 축구에 참가한 학생은 몇 명인가요?

( )명

3 표를 보고 그림그래프로 나타내어 보세요.

종목별 참가 학생 수

종목	학생 수
피구	
축구	
농구	
발야구	

◎ 10명
○ 1명

4 표를 보고 ◎은 10명, ●은 5명, ○은 1명으로 하여 그림그래프로 나타내어 보세요.

종목별 참가 학생 수

종목	학생 수
피구	
축구	
농구	
발야구	

◎ 10명
● 5명
○ 1명

5 발야구에 참가한 학생보다 학생 수가 더 적은 종목을 모두 써 보세요.

(   )

6 가장 많은 학생이 참가한 종목과 가장 적은 학생이 참가한 종목의 학생 수의 차는 몇 명인가요?

(   )명

7 학생들이 가장 많이 참가한 종목부터 순서대로 써 보세요.

(   )

막대그래프 알아보기

막대그래프 알기 ①

● 진성이네 반 학생들이 좋아하는 색깔을 조사하여 나타낸 그래프입니다. 물음에 답하세요.

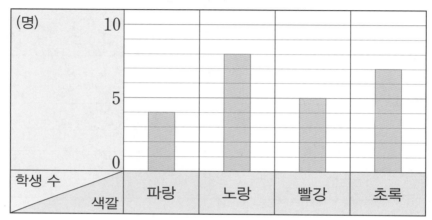

좋아하는 색깔별 학생 수

1 알맞은 말에 ○표 하세요.

조사한 자료를 막대 모양으로 나타낸 그래프를
(그림그래프 , 막대그래프)라고 합니다.

조사한 자료를 막대 모양으로 나타낸 그래프를 막대그래프라고 합니다.

2 막대의 길이는 무엇을 나타내나요?

(　　　　　　　　　　　　　　)

3 세로 눈금 한 칸은 몇 명을 나타내나요?

(　　　　　　　)명

● 마을별 약국 수를 조사하여 나타낸 그래프입니다. 물음에 답하세요.

마을별 약국 수

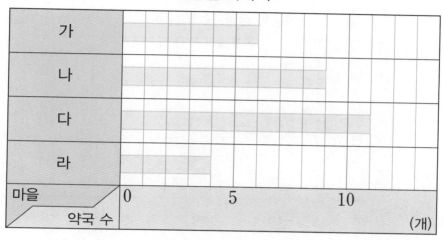

4 위와 같이 조사한 자료를 막대 모양으로 나타낸 그래프를 무엇이라고 하나요?

(   )

5 위 그래프에서 가로와 세로는 각각 무엇을 나타내나요?

가로 (   )

세로 (   )

6 가로 눈금 한 칸은 몇 개를 나타내나요?

(   )개

막대그래프 알아보기

막대그래프 알기 ②

● 재민이네 학교 4학년 반별 안경을 쓴 학생 수를 조사하여 나타낸 막대그래프 입니다. 물음에 답하세요.

반별 안경을 쓴 학생 수

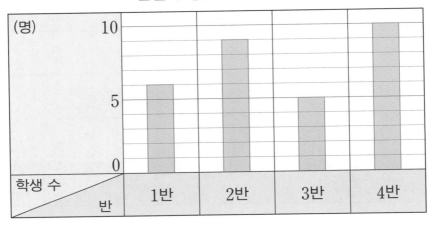

1 위 막대그래프에서 가로와 세로는 각각 무엇을 나타내나요?

가로 (   )

세로 (   )

2 막대의 길이는 무엇을 나타내나요?

(   )

3 세로 눈금 한 칸은 몇 명을 나타내나요?

(   )명

● 어린이 체육 센터의 강좌별 수강생 수를 조사하여 나타낸 막대그래프입니다.
물음에 답하세요.

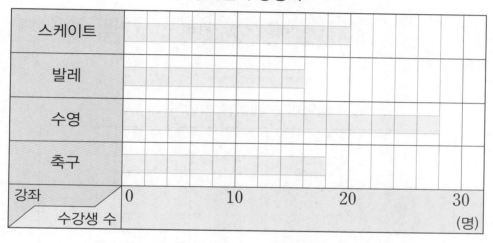

강좌별 수강생 수

4 위 막대그래프에서 가로와 세로는 각각 무엇을 나타내나요?

가로 (   )

세로 (   )

5 막대의 길이는 무엇을 나타내나요?

(   )

6 가로 눈금 한 칸은 몇 명을 나타내나요?

(   )명

막대그래프 알기 ③

● 예원이네 반 학생들이 좋아하는 계절을 조사하여 나타낸 표와 막대그래프입니다. 물음에 답하세요.

좋아하는 계절별 학생 수

계절	봄	여름	가을	겨울	합계
학생 수(명)	7	8	4	6	25

좋아하는 계절별 학생 수

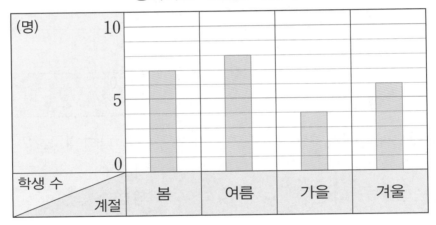

1 표와 막대그래프 중 계절별 학생 수를 알아보기에 어느 것이 더 편리한가요?

(   )

2 표와 막대그래프 중 계절별 학생 수의 많고 적음을 한눈에 알아보기에 어느 것이 더 편리한가요?

(   )

● 단비네 가족의 줄넘기 횟수를 조사하여 나타낸 표와 막대그래프입니다. 물음에 답하세요.

가족의 줄넘기 횟수

가족	아빠	엄마	단비	동생	합계
횟수(회)	60	100	120	80	360

가족의 줄넘기 횟수

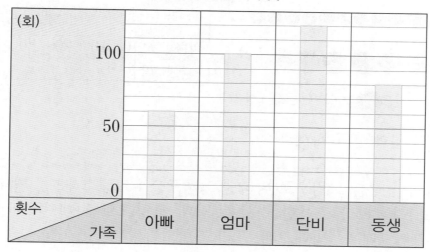

3 표와 막대그래프 중 줄넘기 횟수가 가장 많은 사람을 한눈에 알아보기에 어느 것이 더 편리한가요?

(   )

4 표와 막대그래프 중 전체 학생 수를 알아보기에 어느 것이 더 편리한가요?

(   )

이름

날짜   월   일

시간   :   ~   :

막대그래프 알기 ④

● 마을별 사과 생산량을 조사하여 나타낸 그래프입니다. 물음에 답하세요.

마을별 사과 생산량

마을	생산량
가	
나	
다	
라	

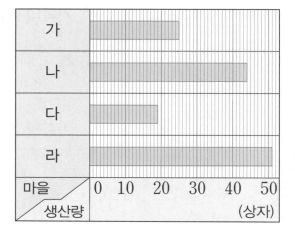

● 10상자   ● 1상자

1 알맞은 말에 ○표 하세요.

> 조사한 수를 그림으로 나타낸 그래프를 (그림그래프 , 막대그래프)라 하고, 조사한 자료를 막대 모양으로 나타낸 그래프를 (그림그래프 , 막대그래프)라고 합니다.

마을별 사과 생산량을 왼쪽은 그림그래프로, 오른쪽은 막대그래프로 나타내었어.

2 위 그림그래프와 막대그래프의 같은 점은 무엇인지 써 보세요.

_____

_____

● 목장별 우유 생산량을 조사하여 나타낸 그림그래프와 막대그래프입니다. 물음에 답하세요.

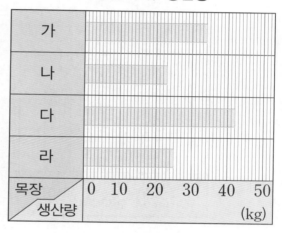

목장별 우유 생산량

목장	생산량
가	
나	
다	
라	

🥛 10 kg   🥛 1 kg

목장별 우유 생산량

3 위 그래프를 보고 잘못 말한 친구의 이름을 써 보세요.

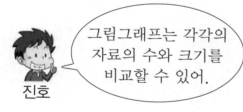

진호: 그림그래프는 각각의 자료의 수와 크기를 비교할 수 있어.

은수: 막대그래프에 합계를 나타내는 막대도 그려야 해.

(   )

4 위 그림그래프와 막대그래프의 다른 점은 무엇인지 써 보세요.

_____

_____

막대그래프를 보고 내용 알기 ①

● 누리네 반 학생들이 좋아하는 과목을 조사하여 나타낸 막대그래프입니다. 물음에 답하세요.

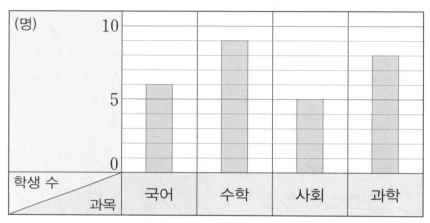

좋아하는 과목별 학생 수

1 세로 눈금 한 칸은 몇 명을 나타내나요?

(   )명

2 막대의 길이가 가장 긴 과목은 무엇인가요?

(   )

3 가장 많은 학생이 좋아하는 과목은 무엇인가요?

(   )

● 연우네 반 학생들의 혈액형을 조사하여 나타낸 막대그래프입니다. 물음에 답하세요.

혈액형별 학생 수

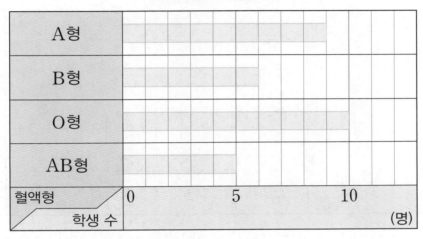

4 가로 눈금 한 칸은 몇 명을 나타내나요?

( )명

5 막대의 길이가 가장 짧은 혈액형은 무엇인가요?

( )

6 학생 수가 가장 적은 혈액형은 무엇인가요?

( )

막대그래프를 보고 내용 알기 ②

● 세진이네 반 학생들이 좋아하는 동물을 조사하여 나타낸 막대그래프입니다. 물음에 답하세요.

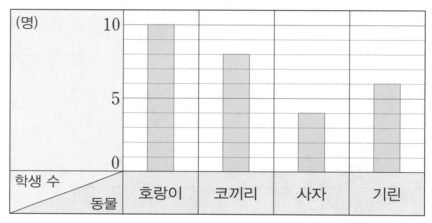

좋아하는 동물별 학생 수

1 위 그래프에서 누가 어떤 동물을 좋아하는지 알 수 있나요?

(   )

2 코끼리를 좋아하는 학생은 몇 명인가요?

(   )명

3 가장 많은 학생이 좋아하는 동물은 무엇인가요?

(   )

● 책꽂이에 꽂혀 있는 책의 수를 종류별로 조사하여 나타낸 막대그래프입니다.
물음에 답하세요.

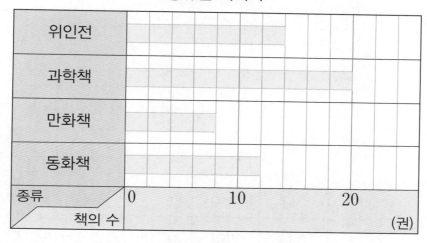

종류별 책의 수

4 가로 눈금 한 칸은 몇 권을 나타내나요?

(   )권

5 책꽂이에 꽂혀 있는 동화책은 몇 권인가요?

(   )권

6 책꽂이에 꽂혀 있는 책 중에서 가장 적은 책은 무엇인가요?

(   )

막대그래프의 내용 알아보기

🦠 막대그래프를 보고 내용 알기 ③

● 어느 날 세계 도시의 최저 기온을 조사하여 나타낸 막대그래프입니다. 물음에 답하세요.

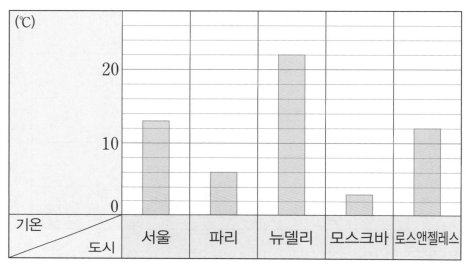

1 세로 눈금 한 칸은 몇 ℃를 나타내나요?

(   )℃

2 최저 기온이 두 번째로 낮은 도시는 어디인가요?

(   )

3 최저 기온이 가장 낮은 도시부터 순서대로 써 보세요.

(   )

● 유선이가 5일 동안 공부를 한 시간을 조사하여 나타낸 막대그래프입니다. 물음에 답하세요.

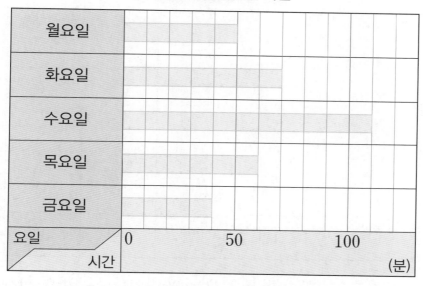

요일별 공부를 한 시간

4 공부를 두 번째로 많이 한 요일은 언제인가요?

(   )

5 월요일보다 공부를 더 많이 한 요일을 모두 써 보세요.

(   )

6 공부를 가장 많이 한 요일은 공부를 가장 적게 한 요일보다 몇 분 더 했나요?

(   )분

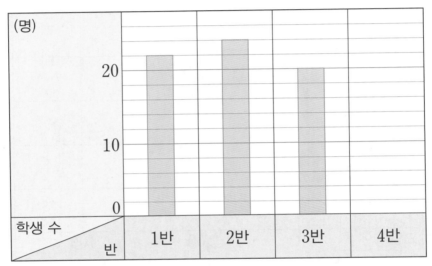 막대그래프를 보고 내용 알기 ④

● 희연이네 학교의 4학년 반별 학생 수를 조사하여 나타낸 막대그래프입니다.
물음에 답하세요.

반별 학생 수

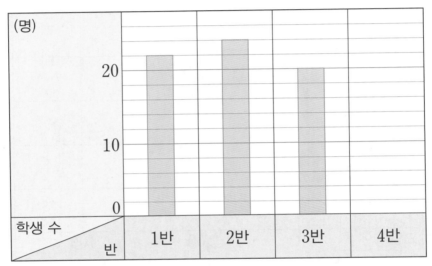

1 희연이네 학교의 4학년 학생은 모두 90명입니다. 4반의 학생은 몇 명인가요?

( )명

2 두 반의 학생 수가 같은 반은 몇 반과 몇 반인가요?

( )

3 1반의 학생 수는 3반의 학생 수보다 몇 명 더 많은가요?

( )명

● 어느 농장에서 기르고 있는 동물 수를 조사하여 나타낸 막대그래프입니다. 물음에 답하세요.

기르고 있는 동물 수

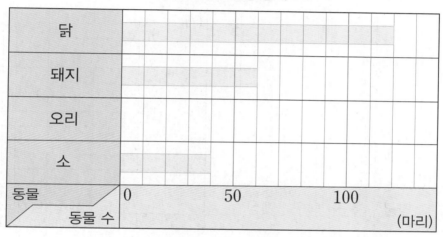

4 이 농장에서 기르는 동물은 모두 300마리입니다. 오리는 몇 마리인가요?

(   )마리

5 가장 많이 기르는 동물 수와 가장 적게 기르는 동물 수의 차는 몇 마리인가요?

(   )마리

6 이 농장에서 기르는 동물 수가 가장 많은 동물부터 순서대로 써 보세요.

(   )

막대그래프의 내용 알아보기

🐛 막대그래프를 보고 내용 알기 ⑤

● 솔이와 빈이가 올림픽 일부 경기 종목의 금메달 수를 조사하여 막대그래프로 나타내었습니다. 물음에 답하세요.

솔이가 조사한 올림픽 경기 종목별 금메달 수

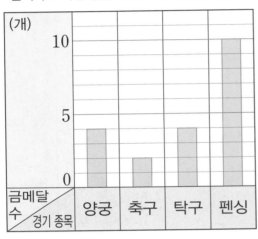

빈이가 조사한 올림픽 경기 종목별 금메달 수

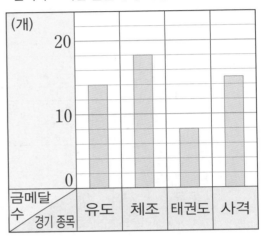

1   위 막대그래프에서 막대의 길이는 무엇을 나타내나요?

(   )

2   솔이의 막대그래프에서 금메달 수가 가장 적은 경기 종목은 무엇인가요?

(   )

3   빈이의 막대그래프에서 금메달 수가 가장 많은 경기 종목은 무엇인가요?

(   )

4 각각의 막대그래프에서 세로 눈금 한 칸은 금메달 몇 개를 나타내나요?

솔이 (   )개

빈이 (   )개

5 앞의 막대그래프를 보고 잘못 말한 친구의 이름을 써 보세요.

두 그래프에서 펜싱이 막대의 길이가 가장 기니까 금메달 수가 가장 많네.

솔이

가로는 경기 종목을 세로는 금메달 수를 나타냈어.

빈이

(   )

6 솔이의 막대그래프에서 금메달 수가 같은 종목은 무엇과 무엇인가요?

(   )

7 빈이의 막대그래프에서 금메달 수가 태권도보다 많고 체조보다 적은 경기 종목을 모두 써 보세요.

(   )

막대그래프를 보고 내용 알기 ⑥

● 학년별 수학 경시 대회에 참가한 여학생 수와 남학생 수를 조사하여 나타낸 막대그래프입니다. 물음에 답하세요.

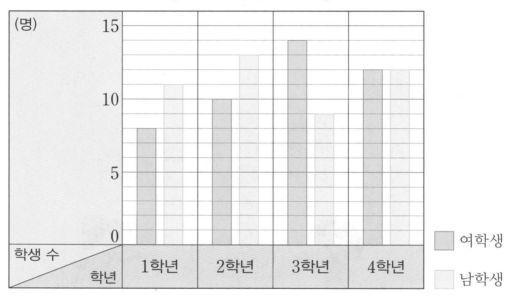

학년별 수학 경시 대회에 참가한 학생 수

1 위 막대그래프를 보고 잘못 말한 친구의 이름을 써 보세요.

수학 경시 대회에 가장 적게 참가한 학생은 1학년 여학생이야.

재범

수학 경시 대회에 남학생이 여학생보다 더 많이 참가한 학년은 3학년이야.

은지

( )

2 수학 경시 대회에 참가한 남녀 학생 수가 똑같은 학년은 몇 학년인가 요?

(   )

3 수학 경시 대회에 참가한 여학생 수가 남학생 수보다 더 많은 학년은 몇 학년인가요?

(   )

4 수학 경시 대회에 참가한 2학년 학생은 모두 몇 명인가요?

(   )명

5 막대의 길이가 가장 긴 학생 수와 막대의 길이가 가장 짧은 학생 수의 차는 몇 명인가요?

(   )명

6 수학 경시 대회에 참가한 여학생과 남학생 수의 차가 가장 큰 학년은 몇 학년이고, 그 차는 몇 명인가요?

(   ), (   )명

막대그래프 그리기

이름		
날짜	월	일
시간	:	~ :

표를 보고 막대그래프 그리기 ①

● 민아네 반 학생들이 좋아하는 채소를 조사하여 나타낸 표입니다. 표를 보고 막대가 세로인 막대그래프로 나타내려고 합니다. 물음에 답하세요.

좋아하는 채소별 학생 수

채소	오이	감자	당근	시금치	합계
학생 수(명)	4	7	5	9	25

1 가로에 채소를 나타낸다면 세로에는 무엇을 나타내어야 하나요?

(   )

2 세로 눈금 한 칸의 크기를 1명으로 하면 적어도 몇 칸까지 있어야 하나요?

(   )칸

3 표를 보고 막대그래프를 완성해 보세요.

좋아하는 채소별 학생 수

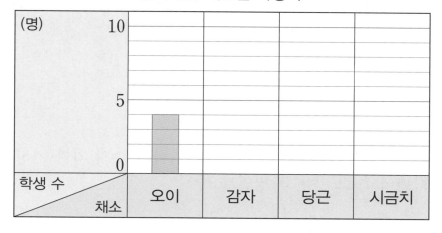

● 정민이가 채집한 곤충을 조사하여 나타낸 표입니다. 표를 보고 막대가 가로인 막대그래프로 나타내려고 합니다. 물음에 답하세요.

채집한 곤충 수

곤충	나비	잠자리	메뚜기	매미	합계
곤충 수(마리)	8	11	3	6	28

4 가로에 곤충 수를 나타낸다면 세로에는 무엇을 나타내어야 하나요?

(   )

5 가로 눈금 한 칸의 크기를 1명으로 하면 적어도 몇 칸까지 있어야 하나요?

(   )칸

6 표를 보고 막대그래프를 완성해 보세요.

채집한 곤충 수

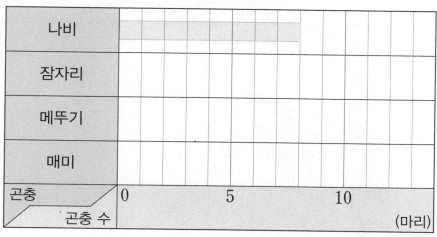

막대그래프 그리기

이름		
날짜	월	일
시간	: ~ :	

표를 보고 막대그래프 그리기 ②

● 민아네 학교 4학년 반별 안경을 쓴 학생 수를 조사하여 나타낸 표입니다. 표를 보고 막대가 세로인 막대그래프로 나타내려고 합니다. 물음에 답하세요.

반별 안경을 쓴 학생 수

반	1반	2반	3반	4반	합계
학생 수(명)	9	4	7	6	26

1 가로와 세로에는 각각 무엇을 나타내어야 하나요?

가로 (   ), 세로 (   )

2 세로 눈금 한 칸이 학생 1명을 나타낸다면 3반의 학생 수는 몇 칸으로 나타내어야 하나요?

(   )칸

3 표를 보고 막대그래프로 나타내어 보세요.

반별 안경을 쓴 학생 수

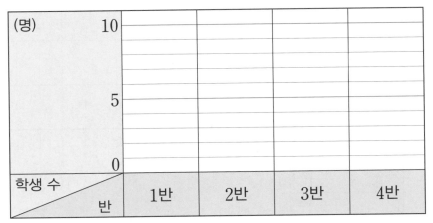

● 유준이네 마을에 있는 종류별 나무 수를 조사하여 나타낸 표입니다. 표를 보고 막대가 가로인 막대그래프로 나타내려고 합니다. 물음에 답하세요.

종류별 나무 수

종류	소나무	은행나무	단풍나무	벚나무	합계
나무 수(그루)	18	12	16	20	66

4 가로와 세로에는 각각 무엇을 나타내어야 하나요?

가로 (   ), 세로 (   )

5 가로 눈금 한 칸이 나무 2그루를 나타낸다면 벚나무의 수는 몇 칸으로 나타내어야 하나요?

(   )칸

6 표를 보고 막대그래프로 나타내어 보세요.

종류별 나무 수

소나무										
은행나무										
단풍나무										
벚나무										
종류 \ 나무 수	0			10			20			(그루)

막대그래프 그리기

표를 보고 막대그래프 그리기 ③

● 재훈이가 3월부터 7월까지 운동을 한 날수를 조사하여 나타낸 표입니다. 물음에 답하세요.

월별 운동을 한 날수

월	3월	4월	5월	6월	7월	합계
날수(일)	8	14		7	9	48

1 5월에 운동을 한 날은 며칠인가요?

(   )일

2 표를 보고 막대그래프로 나타내어 보세요.

월별 운동을 한 날수

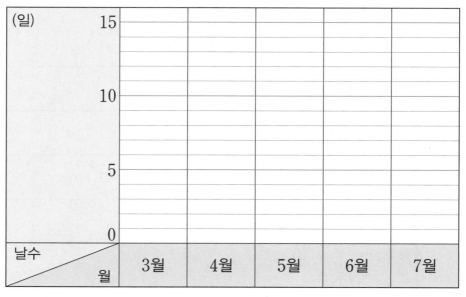

3 2번의 그래프를 보고 가로와 세로를 바꾸어 막대를 가로로 나타내어 보세요.

월별 운동을 한 날수

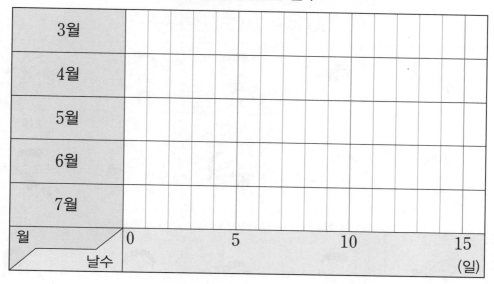

4 운동을 가장 적게 한 달은 몇 월인가요?

(   )월

5 4월에는 전달에 비해 운동을 며칠 더 했나요?

(   )일

6 운동을 가장 많이 한 달부터 순서대로 써 보세요.

(   )

34a

막대그래프 그리기

 이름 / 날짜 월 일 / 시간 : ~ :

🦖 조사한 자료를 표로 나타내고 막대그래프 그리기 ①

● 태원이네 반 학생들이 좋아하는 올림픽 경기 종목을 조사한 것입니다. 물음에 답하세요.

좋아하는 올림픽 경기 종목

태원	예원	도현	유진	지민
성민	현우	민서	지훈	시우
지호	민지	동현	수민	주원
승민	서현	지원	준혁	우진
준영	수빈	민재	현준	서영

1 조사한 결과를 표로 정리해 보세요.

좋아하는 올림픽 경기 종목별 학생 수

경기 종목	태권도	수영	축구	양궁	리듬 체조	합계
학생 수(명)						

2 1번의 표를 보고 막대그래프로 나타내어 보세요.

좋아하는 올림픽 경기 종목별 학생 수

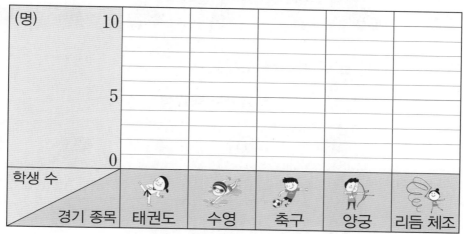

3 태원이네 반 학생들이 위의 종목 중에 한 가지만 체험해 볼 수 있다면 어떤 경기 종목을 선택해야 할까요? 그렇게 생각한 이유를 써 보세요.

( )

막대그래프 그리기

🦠 **조사한 자료를 표로 나타내고 막대그래프 그리기 ②**

● 어느 해 5월 1일부터 21일까지 3주 동안의 날씨를 조사하여 기록한 것입니다. 물음에 답하세요.

3주 동안의 날짜별 날씨

1일	2일	3일	4일	5일	6일	7일
☀️	☁️	☀️	☁️	☁️	🌂	🌂
8일	9일	10일	11일	12일	13일	14일
🌧️	☀️	☀️	☁️	☀️	⛅	🌂
15일	16일	17일	18일	19일	20일	21일
☀️	☁️	🌂	☀️	⛅	☀️	☀️

1 조사한 결과를 표로 정리해 보세요.

3주 동안의 날씨별 날수

날씨	☀️	☁️	🌂	⛅	합계
날수(일)					

2 막대가 가로인 막대그래프로 나타낸다면 가로와 세로에는 각각 무엇을 나타내어야 하나요?

가로 (   )

세로 (   )

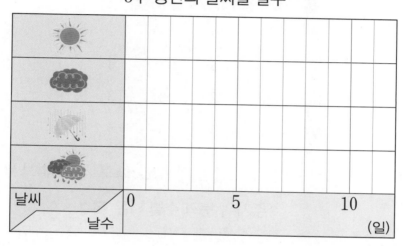

3 1번의 표를 보고 막대가 가로인 막대그래프로 나타내어 보세요.

3주 동안의 날씨별 날수

4 표와 막대그래프 중 날씨별 날수의 많고 적음을 한눈에 알아보기에 편리한 것은 어느 것인가요?

(   )

5 3주 동안 가장 많았던 날씨는 무엇인가요?

(   )

6 가장 많은 날씨와 가장 적은 날씨의 날수의 차를 구해 보세요.

(   )일

막대그래프 그리기

조사한 자료를 표로 나타내고 막대그래프 그리기 ③

● 다음은 주사위를 굴려서 나온 주사위 눈의 수입니다. 물음에 답하세요.

주사위를 굴려서 나온 주사위 눈의 수

5	3	2	1	6	3	2	5	6	1
4	5	6	2	3	2	6	1	4	2
1	2	3	5	2	3	3	6	2	4
2	4	3	6	5	5	4	2	3	5

1 주사위를 굴려서 나온 주사위 눈의 수를 표로 정리해 보세요.

주사위 눈의 수별 나온 횟수

주사위 눈의 수	1	2	3	4	5	6	합계
나온 횟수(번)							

2 주사위를 모두 몇 번 굴렸나요?

( )번

3 가장 많이 나온 주사위 눈의 수와 가장 적게 나온 주사위 눈의 수의 횟수의 차는 몇 번인가요?

( )번

4 1번의 표를 보고 막대그래프로 나타내어 보세요.

주사위 눈의 수별 나온 횟수

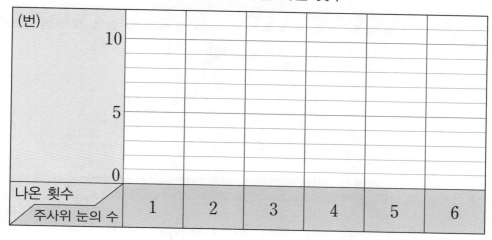

5 나온 횟수가 적은 주사위 눈의 수부터 위에서 차례대로 나타나도록 막대가 가로인 막대그래프로 나타내어 보세요.

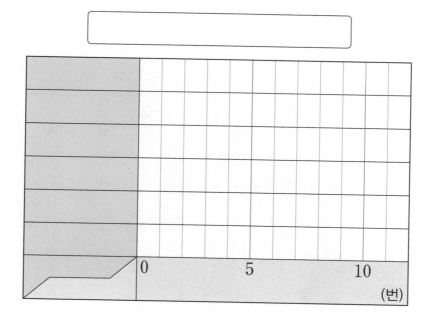

생활 속에서 막대그래프 알기 ①

1 기계 체조 선수인 연정이가 경기를 하고 난 뒤 쓴 이야기입니다. 이야기를 읽고 막대그래프를 완성해 보세요.

나는 마루, 도마, 이단평행봉, 평균대 경기에 참여하였다. 마루 경기와 이단평행봉 경기에서는 실수를 하지 않아 9.0점으로 높은 점수를 받았다. 그런데 평균대 경기에서는 중심을 잃어 평균대에서 떨어지는 실수를 해서 6.5점으로 낮은 점수를 받았다. 실수를 하였지만 포기하지 않고 끝까지 경기를 마무리 한 내가 무척 자랑스러웠다.

기계 체조 종목별 점수

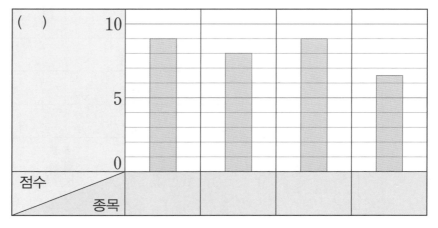

2 범규네 모둠에서 줄넘기를 하고 난 뒤 쓴 이야기입니다. 이야기를 읽고 막대그래프를 완성해 보세요.

모둠을 대표해서 줄넘기 대회에 나갈 사람을 뽑기 위해 범규, 서진, 지혜, 예빈 네 명이서 줄넘기를 하였다. 범규와 예빈이가 똑같이 250회를 넘었고, 다음으로 지혜가 200회를 넘었고, 서진이가 150회를 넘었다. 모둠을 대표해서 줄넘기 대회에 나갈 사람을 1명만 뽑아야 하니 범규와 예빈이가 다시 시합을 하여 1명을 뽑아야겠다.

줄넘기 기록

( )

250
200
150
100
50
0

🦠 생활 속에서 막대그래프 알기 ②

● 어느 나라의 초미세먼지 주의보 발령 지역 수를 조사하여 나타낸 막대그래프 입니다. 물음에 답하세요.

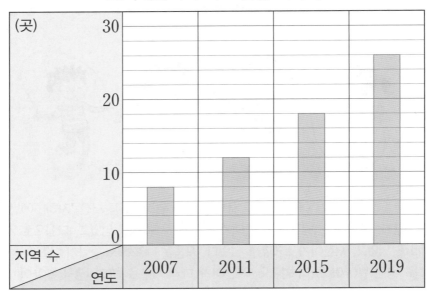

초미세먼지 주의보 발령 지역 수

1 2007년부터 2019년까지 초미세먼지 주의보 발령 지역은 점점 늘어났습니까, 줄어들었습니까?

(   )

2 초미세먼지 주의보 발령 지역이 가장 많은 연도는 언제인가요?

(   )년

3 막대그래프에서 2017년 초미세먼지 주의보 발령 지역 수를 알 수 있나요?

(   )

● 어느 지역의 쌀 생산량을 조사하여 나타낸 막대그래프입니다. 물음에 답하세요.

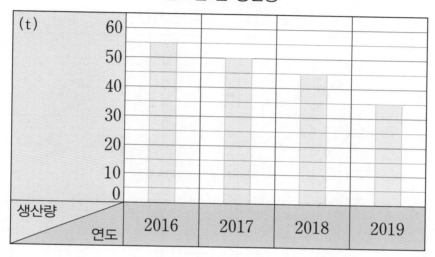

연도별 쌀 생산량

4 2016년부터 2019년까지 쌀 생산량은 점점 늘어났습니까, 줄어들었습니까?

(   )

5 쌀 생산량이 가장 적은 연도는 언제인가요?

(   )년

6 막대그래프에서 2016년 이전의 쌀 생산량을 알 수 있나요?

(   )

생활 속에서 막대그래프 알기 ③

● 희준이네 집에서 도서관까지 가는 방법에 따라 걸리는 시간을 조사하여 나타낸 막대그래프입니다. 물음에 답하세요.

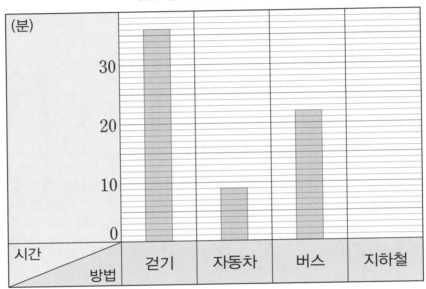

가는 방법별 걸리는 시간

1 지하철을 이용할 때 17분이 걸립니다. 막대그래프를 완성해 보세요.

2 도서관에 갈 때 어떤 방법으로 가는 것이 가장 빠른가요?

( )

3 자신이라면 어떤 방법으로 도서관에 갈까요? 그렇게 답한 이유를 써 보세요.

( )

● 민정이네 학교 학생들이 환경 보호를 위해 실천한 활동을 조사하여 나타낸 막대그래프입니다. 물음에 답하세요.

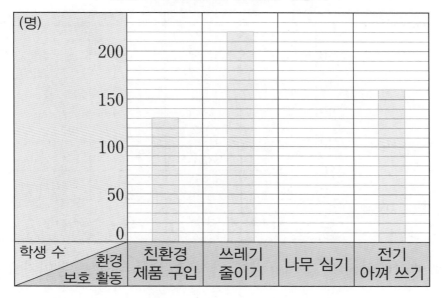

환경 보호 활동별 실천한 학생 수

4 나무 심기를 실천한 학생 수는 쓰레기 줄이기를 실천한 학생 수의 반이라고 합니다. 막대그래프를 완성해 보세요.

5 조사한 학생은 모두 몇 명인가요?

(   )명

6 자신이 실천 가능한 환경 보호 활동을 두 가지만 써 보세요.

• _____

• _____

막대그래프로 이야기 만들기

🦠 생활 속에서 막대그래프 알기 ④

● 어느 날 진원이네 아파트의 동별 엘리베이터 전기 사용량을 조사하여 나타낸 막대그래프입니다. 물음에 답하세요.

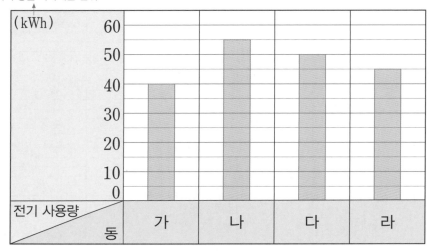

킬로와트시: 전기의 양을 나타내는 단위

동별 엘리베이터 전기 사용량

1 이날 엘리베이터 전기 사용량이 가장 적은 동은 어느 동인가요?

(   )

2 엘리베이터 전기 사용량이 많을수록 엘리베이터 유지비가 많이 든다고 합니다. 이날 어느 동의 엘리베이터 유지비가 가장 많이 들었나요?

(   )

3 엘리베이터 전기 사용량을 줄일 수 있는 행동을 말한 사람은 누구인가요?

진원: 엘리베이터 문이 빨리 닫히게 닫힘 버튼을 눌러야 해.
혜리: 가까운 층은 엘리베이터 대신 계단을 이용하면 돼.

(   )

● 현서의 요일별 핸드폰 사용 시간과 공부 시간을 각각 조사하여 나타낸 막대그래프입니다. 물음에 답하세요.

요일별 핸드폰 사용 시간

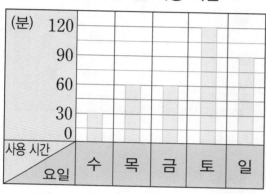

요일별 공부 시간

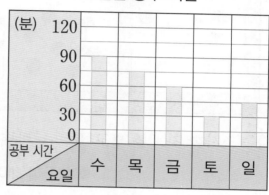

4 핸드폰을 가장 많이 사용한 요일은 언제이고, 공부를 가장 적게 한 요일은 언제인가요?

(   ), (   )

5 위 막대그래프를 보고 핸드폰 사용 시간과 공부 시간은 어떤 관계가 있는지 써 보세요.

_____

_____

 다음 학습 연관표

```
┌─────────────────────┐        ┌──────────────────────────┐
│ 2과정 표와 그림그래프/ │───┐   │ 3과정 꺾은선그래프/그래프 종합 │
│      막대그래프       │   ├──→└──────────────────────────┘
└─────────────────────┘   │   ┌──────────────────────────┐
                          └──→│ 5과정 여러 가지 그래프       │
                              └──────────────────────────┘
```

이 름			
실시 연월일	년	월	일
걸린 시간		분	초
오답 수			/ 15

[1~4] 나은이네 반 학생들이 태어난 계절을 조사하였습니다. 물음에 답하세요.

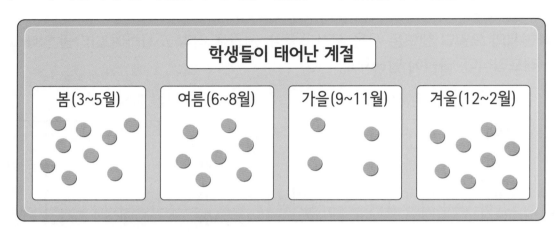

1 조사한 자료를 보고 표로 나타내어 보세요.

학생들이 태어난 계절별 학생 수

계절	봄	여름	가을	겨울	합계
학생 수(명)					

2 조사한 학생은 모두 몇 명인가요?

( )명

3 가장 많은 학생이 태어난 계절은 무엇인가요?

( )

4 가을에 태어난 학생은 겨울에 태어난 학생보다 몇 명 더 적은가요?

( )명

[5~8] 민영이네 학교 3학년 학생들이 여행 가고 싶은 섬을 조사하여 표로 나타
내었습니다. 물음에 답하세요.

여행 가고 싶은 섬별 학생 수

섬	강화도	울릉도	제주도	거제도	합계
학생 수(명)	23		36	27	120

5 울릉도를 가고 싶은 학생은 몇 명인가요?

(   )명

6 표를 보고 그림그래프를 완성해 보세요.

여행 가고 싶은 섬별 학생 수

섬	학생 수
강화도	☺ ☺ ☺ ☺ ☺
울릉도	
제주도	
거제도	

☺ 10명
☺ 1명

7 ☺과 ☺은 각각 몇 명을 나타내나요?

☺ (   )명, ☺ (   )명

8 여행 가고 싶은 섬별 학생 수가 가장 많은 섬부터 순서대로 써 보세요.

(   )

[9~12] 효주네 학교 4학년 반별 안경을 쓴 학생 수를 조사하여 나타낸 막대그래프입니다. 물음에 답하세요.

반별 안경을 쓴 학생 수

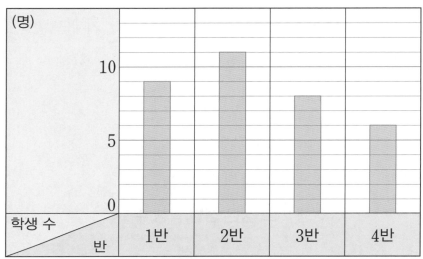

9 막대의 길이는 무엇을 나타내나요?

(   )

10 세로 눈금 한 칸은 몇 명을 나타내나요?

(   )명

11 안경을 쓴 학생이 두 번째로 많은 반은 몇 반인가요?

(   )

12 안경을 쓴 학생이 가장 적은 반은 몇 반이고, 몇 명인가요?

(   ), (   )명

[13~15] 도윤이네 집에서 1년 동안 배출된 쓰레기의 양을 조사하여 나타낸 막
대그래프입니다. 물음에 답하세요.

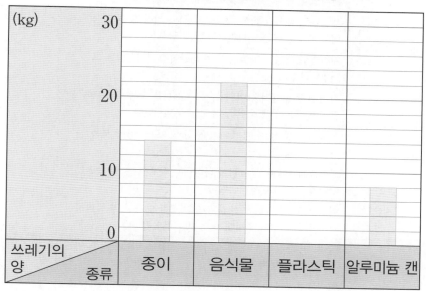

종류별 1년 동안 배출된 쓰레기의 양

13 1년 동안 배출된 플라스틱의 양은 1년 동안 배출된 종이의 양의 2배
입니다. 막대그래프를 완성해 보세요.

14 1년 동안 배출된 음식물의 양은 1년 동안 배출된 알루미늄 캔의 양보
다 몇 kg 더 무거운가요?

(   ) kg

15 위 막대그래프를 보고 알 수 있는 사실을 두 가지 써 보세요.

• _____

• _____

2과정 표와 그림그래프/막대그래프

번호	평가 요소	평가 내용	결과(O, X)	관련 내용
1	표로 나타내기	학생들이 태어난 계절을 조사한 자료를 보고 표로 나타내 보는 문제입니다.		6a
2	표 알아보기	나은이네 반 학생들이 모두 몇 명인지를 아는지 확인하는 문제입니다.		1b
3		계절별로 태어난 학생 수를 비교하여 가장 많은 학생이 태어난 계절을 아는지 확인하는 문제입니다.		1a
4		계절별로 태어난 학생 수를 비교하여 그 차를 구해 보는 문제입니다.		2a
5		전체 학생 수에서 나머지 섬에 가고 싶은 학생 수를 빼서 빈칸에 알맞은 학생 수를 구해 보는 문제입니다.		3a
6	그림그래프로 나타내기	표를 보고 학생 수에 맞게 그림그래프로 나타내 보는 문제입니다.		16a
7	그림그래프 알아보기	그림그래프에서 각 그림이 나타내는 학생 수는 몇 명인지를 아는지 확인하는 문제입니다.		11a
8		여행 가고 싶은 섬별 학생 수를 비교하여 가장 많은 학생이 가고 싶은 섬부터 순서대로 써 보는 문제입니다.		13a
9	막대그래프 알아보기	막대그래프에서 막대의 길이가 무엇을 나타내는지를 아는지 확인하는 문제입니다.		21a
10		막대그래프에서 세로 눈금 한 칸이 몇 명을 나타내는지를 아는지 확인하는 문제입니다.		
11	막대그래프의 내용 알아보기	막대의 길이를 비교하여 안경을 쓴 학생이 두 번째로 많은 반을 구해 보는 문제입니다.		25a
12		막대의 길이를 비교하여 학생 수가 가장 적은 반을 구하고, 그 학생 수를 알아보는 문제입니다.		
13	막대그래프 그리기	주어진 조건에 맞게 막대그래프를 그려 보는 문제입니다.		31a
14	막대그래프로 이야기 만들기	막대그래프를 보고 쓰레기의 양을 비교하여 그 차를 구해 보는 문제입니다.		38a
15		막대그래프를 보고 알 수 있는 사실을 써 보는 문제입니다.		

평가
기준

평가	☐ A등급(매우 잘함)	☐ B등급(잘함)	☐ C등급(보통)	☐ D등급(부족함)
오답 수	0~1	2~3	4~5	6~

• A, B등급 : 다음 교재를 시작하세요.

• C등급 : 틀린 부분을 다시 한번 더 공부한 후, 다음 교재를 시작하세요.

• D등급 : 본 교재를 다시 구입하여 복습한 후, 다음 교재를 시작하세요.

정답과 풀이

2과정 표와 그림그래프/막대그래프

기초부터 탄탄하게
G 기탄교육

2과정 정답과 풀이

영역별 반복집중학습 프로그램

자료와 가능성편

1ab

1 학생들이 좋아하는 과목
2 5 3 3 4 과학
5 학생들이 방학 때 가고 싶은 장소
6 6 7 24 8 산

〈풀이〉

4 8>7>5>3이므로 가장 많은 학생이 좋아하는 과목은 과학입니다.

7 합계가 24이므로 지호네 반 학생은 모두 24명입니다.

2ab

1 5 2 빵 3 3
4 떡, 과자, 과일, 빵
5 7 6 팽이치기 7 4
8 윷놀이, 제기차기, 연날리기, 팽이치기

〈풀이〉

3 과일은 6명, 떡은 3명이므로 과일을 좋아하는 학생은 떡을 좋아하는 학생보다 6-3=3(명) 더 많습니다.

4 3<5<6<8이므로 좋아하는 학생이 가장 적은 간식부터 순서대로 쓰면 떡, 과자, 과일, 빵입니다.

3ab

1 9 2 백두산 3 7
4 2 5 34 6 5
7 9 8 152

〈풀이〉

1 금강산을 가고 싶은 학생은 32-6-5-12=9(명)입니다.

3 가장 많은 학생이 가고 싶은 산은 백두산으로 12명이고, 가장 적은 학생이 가고 싶은 산은 지리산으로 5명이므로 학생 수의 차는 12-5=7(명)입니다.

4 백두산: 12명, 한라산: 6명
⇨ 12÷6=2(배)

4ab

1 100 2 달리기 3 500
4 100 5 7 6 6
7 미술관 8 과학관

〈풀이〉

7 미술관에 가고 싶은 학생이 지유네 반 7명, 은지네 반 7명으로 학생 수가 같습니다.

8 박물관: 5+4=9(명),
미술관: 7+7=14(명),
식물원: 4+6=10(명),
과학관: 12+9=21(명)
두 반이 현장 체험 학습으로 가게 되는 장소는 과학관입니다.

5ab

1 예 가장 많은 학생이 좋아하는 색깔은 흰색입니다. 현빈이네 반 학생들은 모두 30명입니다.
2 예 가장 적은 학생이 키우고 싶은 반려동물은 햄스터입니다. 강아지를 키우고 싶은 학생이 고양이를 키우고 싶은 학생보다 4명 더 많습니다.
3 38 4 달빛 마을 5 금빛 마을
6 예 햇빛, 별빛 마을에는 여학생이 남학생보다 더 많이 살고 있습니다. 달빛, 금빛 마을에는 남학생이 여학생보다 더 많이 살고 있습니다.

〈풀이〉

3 별빛 마을에 사는 학생은 여학생 23명, 남학생 15명으로 모두 23+15=38(명)입니다.

4 금빛 마을에 사는 여학생은 17명으로 금빛 마을보다 여학생이 더 적은 마을은 14명인 달빛 마을입니다.

6ab

1 좋아하는 운동
2 윤호네 반 학생들
3 7, 6, 8, 25
4 좋아하는 음식
5 예림이네 반 학생들
6 8, 9, 4, 26

7ab

1 9 2 9, 7, 6, 4, 26
3 26 4 10
5 8, 3, 10, 7, 28 6 표

8ab

1 7, 6, 5, 10, 28 2 피아노
3 플루트, 바이올린, 통기타, 피아노
4 10, 4, 6, 9, 29 5 단팥빵
6 크림빵, 곰보빵, 식빵, 단팥빵

〈풀이〉

3 5<6<7<10이므로 배우고 싶은 학생이 가장 적은 악기부터 순서대로 쓰면 플루트, 바이올린, 통기타, 피아노입니다.

9ab

1 21, 13, 18, 26, 78
2 바나나, 26 3 3
4 19, 30, 14, 23, 86
5 가을, 14 6 11

〈풀이〉

3 키위는 18명, 사과는 21명이므로 키위를 좋아하는 학생은 사과를 좋아하는 학생보다 21-18=3(명) 더 적습니다.

5 14<19<23<30이므로 학생들이 가장 적게 태어난 계절은 가을로 14명입니다.

10ab

1 7, 6, 22 / 3, 4, 6, 19
2 12 3 19
4 6, 8, 7, 26 / 8, 9, 3, 24
5 독서, 음악 감상 6 5

〈풀이〉

1 아파트의 동별로 여학생과 남학생을 구분하여 세어 봅니다.

2 104동에 사는 초등학생은 여학생과 남학생이 각각 6명이므로 모두 6+6=12(명)입니다.

5 8>4, 7>3이므로 여학생이 남학생보다 더 많은 취미는 독서와 음악 감상입니다.

6 독서가 취미인 여학생: 8명
음악 감상이 취미인 남학생: 3명
⇨ 8-3=5(명)

11ab

1 그림그래프에 ○표
2 10, 1 3 25
4 그림그래프
5 10, 1 6 43

12ab

1 24, 19, 32, 40
2 야구공 3 8
4 34, 44, 23, 27
5 누나 6 17

〈풀이〉

1 축구공: ⬤이 2개, ⬤이 4개 ⇨ 24개,
농구공: ⬤이 1개, ⬤이 9개 ⇨ 19개,
배구공: ⬤이 3개, ⬤이 2개 ⇨ 32개,
야구공: ⬤이 4개, ⬤이 0개 ⇨ 40개

2 40>32>24>19이므로 체육관에 있는 공 중 가장 많은 공은 야구공입니다.

6 어머니는 44개, 성훈이는 27개이므로 어머니는 성훈이보다 밤을 44−27=17(개) 더 많이 땄습니다.

13ab

1 다 마을, 50　　**2** 가 마을, 라 마을
3 다 마을, 나 마을, 가 마을, 라 마을
4 소망 모둠, 48　　**5** 28
6 하늘 모둠, 다정 모둠, 소망 모둠, 가람 모둠

〈풀이〉

4 하늘 모둠: 25개, 다정 모둠: 36개
가람 모둠: 53개, 소망 모둠: 48개
53>48>36>25이므로 칭찬 붙임딱지 수를 두 번째로 많이 받은 모둠은 소망 모둠으로 48개입니다.

5 칭찬 붙임딱지를 가장 많이 받은 모둠은 가람 모둠이고, 가장 적게 받은 모둠은 하늘 모둠이므로 차는 53−25=28(개)입니다.

14ab

1 100, 10　　**2** 나 마을
3 590　　　　**4** 구름 과수원, 280
5 푸른 과수원, 아삭 과수원
6 80

〈풀이〉

4 푸른 과수원: 430상자,
상큼 과수원: 350상자,
구름 과수원: 280상자,
아삭 과수원: 510상자
280<350<430<510이므로 사과 생산량이 가장 적은 과수원은 구름 과수원입니다.

6 510−430=80(상자)

15ab

1 34　　　　　　　**2** 23
3 예 가 목장의 우유 생산량은 51 kg입니다. 두 번째로 우유 생산량이 많은 목장은 다 목장입니다.
4 제육볶음, 김치찌개, 비빔밥, 된장찌개
5 160
6 예 된장찌개의 재료보다 제육볶음의 재료를 더 많이 준비합니다.

〈풀이〉

2 우유 생산량이 가장 많은 목장은 가 목장으로 51 kg이고, 가장 적은 목장은 라 목장으로 28 kg입니다.
따라서 그 차는 51−28=23 (kg)입니다.

6 가장 많이 팔린 제육볶음을 다음 주에 더 많이 준비하면 좋을 것 같습니다.

16ab

1 예 10, 1
2

종목	학생 수
연극	◎◎○○○○○
합창	◎◎◎◎○
무용	◎○○○○○○○
합주	◎◎◎◎○

3 예 10, 1
4

주	판매량
1주	◎◎◎◎●○○○
2주	◎◎◐○○○○
3주	◎◎◎◎◎◐○
4주	◎◎◎◎◎◐○

〈풀이〉

1 학생 수가 몇십몇 명이므로 그림으로 나타내야 할 단위로 알맞은 것은 10명과 1명입니다.

2 ◎이 10명을 나타내고, ○이 1명을 나타내므로 십의 자리 수만큼 ◎을 그리고, 일의 자리 수만큼 ○을 그립니다.
　　합창: 41명 ⇨ ◎ 4개, ○ 1개
　　무용: 18명 ⇨ ◎ 1개, ○ 8개
　　합주: 36명 ⇨ ◎ 3개, ○ 6개

3 일의 자리 수가 모두 5보다 크므로 ◎은 10상자, ●은 5상자, ○은 1상자를 나타내는 것이 좋습니다.

4 2주: 29상자 ⇨ ◎ 2개, ● 1개, ○ 4개
　　3주: 56상자 ⇨ ◎ 5개, ● 1개, ○ 1개
　　4주: 47상자 ⇨ ◎ 4개, ● 1개, ○ 2개

17ab

1 ◎, ○

2 43, 26

3

꽃	학생 수
장미	◎◎◎◎○○○
튤립	◎◎○○○○○
코스모스	◎◎◎○○○○
국화	◎◎○○○○○○

4 ◎, ●, ○

5 270, 490, 560

6

초등학교	학생 수
하늘	◎◎●○○
푸른	◎◎◎◎◎●○○○○
노을	◎◎◎◎◎●
연지	◎◎◎●○○○

〈풀이〉

2 장미: ◎ 4개, ○ 3개 ⇨ 43명
　　국화: ◎ 2개, ○ 6개 ⇨ 26명

3 튤립: 27명 ⇨ ◎ 2개, ○ 7개
　　코스모스: 34명 ⇨ ◎ 3개, ○ 4개

18ab

1 32

2

프로그램	학생 수
스포츠	◎◎○○○○
예능	◎◎◎◎○○○○○○
드라마	◎◎○○○
만화	◎◎◎○○○○○○

3 예능　　　　　**4** 244

5

회차	관람객 수
1회	◎△△△△△○○○
2회	◎◎◎△△△△△○
3회	◎◎△△△△△
4회	◎◎△△△△△○○○○

6 1회

〈풀이〉

3 가장 많은 학생이 즐겨 보는 TV 프로그램은 10명을 나타내는 그림(◎)이 가장 많은 예능입니다.

19ab

1 예 2가지

2

나라	학생 수
호주	☺☺☺☺☺
미국	☺☺☺☺☺
독일	☺☺☺☺☺☺☺
중국	☺☺☺

3 120　　　　　**4** 미국, 독일

5 23　　　　　**6** 표, 그림그래프

〈풀이〉

1 학생 수가 두 자리 수이고 일의 자리 수가 모두 5보다 작으므로 십의 자리와 일의 자리를 각각 나타낼 수 있는 두 가지가 좋습니다.

20ab

1 피구, 축구, 농구, 발야구
2 29
3

종목	학생 수
피구	◎ ◎ ◎ ◎ ◎ ○ ○ ○ ○ ○ ○
축구	◎ ◎ ◎ ○ ○ ○ ○ ○ ○ ○ ○
농구	◎ ◎ ○ ○ ○ ○ ○ ○ ○ ○
발야구	◎ ◎ ◎ ○ ○ ○ ○ ○ ○

4

종목	학생 수
피구	◎ ◎ ◎ ◎ ◎ ◐ ○
축구	◎ ◎ ◐ ○ ○ ○ ○ ○
농구	◎ ◎ ◐ ○ ○ ○
발야구	◎ ◎ ◎ ◐ ○ ○

5 축구, 농구
6 18
7 피구, 발야구, 축구, 농구

〈풀이〉

6 가장 많은 학생이 참가한 종목은 피구로 46명이고, 가장 적은 학생이 참가한 종목은 농구로 28명입니다. 따라서 학생 수의 차는 $46-28=18$(명)입니다.

7 $46 > 37 > 29 > 28$이므로 학생들이 가장 많이 참가한 종목부터 순서대로 쓰면 피구, 발야구, 축구, 농구입니다.

21ab

1 막대그래프에 ○표
2 좋아하는 학생 수   **3** 1
4 막대그래프
5 약국 수, 마을   **6** 1

〈풀이〉

3 세로 눈금 5칸이 5명을 나타내므로 세로 눈금 한 칸은 $5÷5=1$(명)을 나타냅니다.

22ab

1 반, 학생 수   **2** 안경을 쓴 학생 수
3 1   **4** 수강생 수, 강좌
5 수강생 수   **6** 2

〈풀이〉

6 가로 눈금 5칸이 10명을 나타내므로 가로 눈금 한 칸은 $10÷5=2$(명)을 나타냅니다.

23ab

1 표   **2** 막대그래프
3 막대그래프   **4** 표

〈풀이〉

1 표는 항목별 수량과 합계를 알아보기 쉽습니다.

2 표도 항목별 수량의 크기를 비교하여 많고 적음을 알아볼 수 있지만 한눈에 알아보기에 더 편리한 것은 막대그래프입니다.

4 막대그래프에는 각 항목별 수를 막대로 나타내지만 합계는 나타내지 않습니다.

24ab

1 그림그래프, 막대그래프에 ○표
2 예 마을별 사과 생산량을 나타내었습니다.
3 은수
4 예 우유 생산량을 그림그래프는 그림으로, 막대그래프는 막대로 나타내었습니다.

25ab

1 1   **2** 수학
3 수학   **4** 1
5 AB형   **6** AB형

〈풀이〉

2 막대의 길이가 가장 긴 과목은 수학입니다.

3 막대의 길이가 길수록 학생 수가 많으므로 가장 많은 학생이 좋아하는 과목은 수학입니다.

26ab

1 (예) 알 수 없습니다.	
2 8	**3** 호랑이
4 2	**5** 12
6 만화책	

〈풀이〉

1 막대그래프에는 학생 수만 나와 있으므로 누가 어떤 동물을 좋아하는지 알 수 없습니다.

4 가로 눈금 5칸이 책 10권을 나타내므로 가로 눈금 한 칸은 10÷5=2(권)을 나타냅니다.

5 동화책은 6칸이므로 책꽂이에 꽂혀 있는 동화책은 2×6=12(권)입니다.

27ab

1 2	**2** 파리
3 모스크바, 파리, 로스앤젤레스, 서울, 뉴델리	
4 화요일	
5 화요일, 수요일, 목요일	
6 70	

〈풀이〉

3 서울: 13℃, 파리: 6℃, 뉴델리: 22℃, 모스크바: 3℃, 로스앤젤레스: 12℃
따라서 최저 기온이 가장 낮은 도시부터 순서대로 쓰면 모스크바, 파리, 로스앤젤레스, 서울, 뉴델리입니다.

5 막대의 길이가 월요일보다 긴 요일을 찾아보면 화요일, 수요일, 목요일입니다.

6 공부를 가장 많이 한 요일: 수요일 110분
공부를 가장 적게 한 요일: 금요일 40분
⇨ 110−40=70(분)

28ab

1 24	**2** 2반, 4반
3 2	**4** 80
5 80	**6** 닭, 오리, 돼지, 소

29ab

1 금메달 수	**2** 축구
3 체조	**4** 1, 2
5 솔이	**6** 양궁, 탁구
7 유도, 사격	

〈풀이〉

4~5 솔이의 막대그래프는 세로 눈금 한 칸이 금메달 1개를 나타내고, 빈이의 막대그래프는 세로 눈금 한 칸이 금메달 2개를 나타냅니다. 따라서 펜싱은 금메달이 10개이고, 체조는 금메달이 18개이므로 잘못 말한 친구는 솔이입니다.

30ab

1 은지	**2** 4학년
3 3학년	**4** 23
5 6	**6** 3학년, 5

〈풀이〉

6 세로 눈금 한 칸이 1명을 나타내고, 막대의 길이의 차가 1학년은 3칸, 2학년은 3칸, 3학년은 5칸, 4학년은 0칸이므로 여학생과 남학생 수의 차가 가장 큰 학년은 3학년이고, 그 차는 5명입니다.

31ab

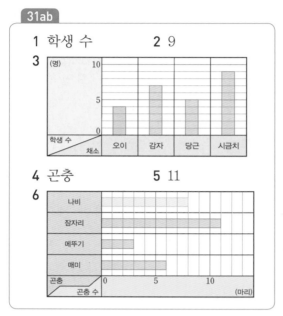

1 학생 수   **2** 9

3

4 곤충   **5** 11

6

〈풀이〉

2 가장 큰 수가 9이므로 세로 눈금은 적어도 9칸까지는 있어야 합니다.

3 세로 눈금 한 칸이 1명을 나타내므로 감자는 7칸, 당근은 5칸, 시금치는 9칸으로 막대를 나타냅니다.

32ab

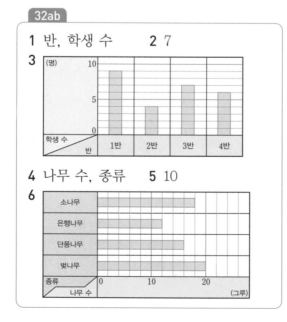

1 반, 학생 수   **2** 7

3

4 나무 수, 종류   **5** 10

6

〈풀이〉

5 가로 눈금 한 칸이 나무 2그루를 나타내므로 벚나무의 수는 20÷2=10(칸)으로 나타냅니다.

33ab

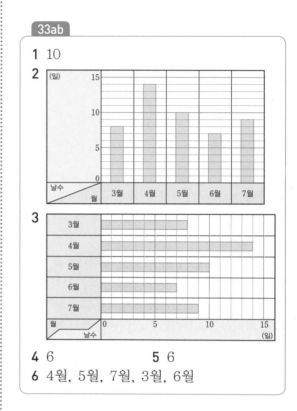

1 10

2

3

4 6   **5** 6

6 4월, 5월, 7월, 3월, 6월

34ab

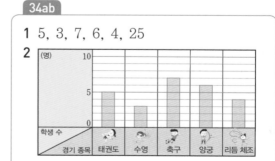

1 5, 3, 7, 6, 4, 25

2

3 예 축구, 가장 많은 학생이 좋아하는 올림픽 경기 종목이기 때문입니다.